农业国家与行业标准概要

（2008）

农业部农产品质量安全监管局
农业部科技发展中心　编

中国农业出版社

图书在版编目（CIP）数据

农业国家与行业标准概要.2008/农业部农产品质量
安全监管局，农业部科技发展中心编.—北京：中国农业
出版社，2009.10
ISBN 978-7-109-13512-3

Ⅰ.农… Ⅱ.①农…②农… Ⅲ.①农业—国家标准—中
国—2008②农业—行业标准—中国—2008 Ⅳ.S-65

中国版本图书馆 CIP 数据核字（2009）第 153921 号

中国农业出版社出版
（北京市朝阳区农展馆北路 2 号）
（邮政编码 100125）
责任编辑 舒 薇

中国农业出版社印刷厂印刷 新华书店北京发行所发行
2009 年 10 月第 1 版 2009 年 10 月北京第 1 次印刷

开本：889mm×1194mm 1/16 印张：4.75
字数：110 千字 印数：1～1 600 册
定价：20.00 元
（凡本版图书出现印刷、装订错误，请向出版社发行部调换）

前　言

改革开放以来，特别是近十年，我国农业标准化工作取得显著成效。截至 2008 年底，农业部组织制订农业国家标准及行业标准 2 899 项。农业标准体系的建立与不断完善，为保障农产品质量安全水平、提高农产品市场竞争力发挥了重要的作用。

本书收集整理了 2008 年农业部批准发布的 250 项农业标准，包括 51 项兽药残留检测方法国家标准、39 项农药残留限量行业标准以及其他 160 项农业行业标准。为方便读者查阅，按照 7 个类别进行归类编排，分别为种植业、畜牧兽医、渔业、农牧机械、农村能源、无公害食品、兽药残留。

由于时间仓促，编印过程中难免出现疏漏及不当之处，敬请广大读者批评指正。

编　者

2009 年 8 月

目　　录

1 种植业

1.1 种子种苗

标准号	被代替标准号	标准名称	起草单位	范围
NY/T 1589—2008		香石竹切花种苗等级规格	农业部花卉产品质量监督检验检测中心（上海）、农业部花卉产品质量监督检验测试中心（昆明）、农业部花卉产品质量监督检验检测中心（广州）	本标准规定了香石竹切花种苗的等级划分、抽样方法、检测方法、判定原则以及包装和贮运的技术要求。本标准适用于花卉生产及贸易中花卉种苗的等级划分。
NY/T 1590—2008		满天星切花种苗等级规格	农业部花卉产品质量监督检验检测中心（上海）、农业部花卉产品质量监督检验测试中心（昆明）、农业部花卉产品质量监督检验检测中心（广州）	本标准规定了满天星切花种苗的等级划分、抽样方法、检测方法、判定原则以及包装和贮运的技术要求。本标准适用于花卉生产及贸易中花卉种苗的等级划分。
NY/T 1591—2008		菊花切花种苗等级规格	农业部花卉产品质量监督检验检测中心（上海）、农业部花卉产品质量监督检验测试中心（昆明）、农业部花卉产品质量监督检验检测中心（广州）	本标准规定了菊花切花种苗的等级划分、抽样方法、检测方法、判定原则以及包装和贮运的技术要求。本标准适用于花卉生产及贸易中花卉种苗的等级划分。

标准号	被代替标准号	标准名称	起草单位	范　　围
NY/T 1592—2008		非洲菊切花种苗等级规格	农业部花卉产品质量监督检验测试中心（上海）、农业部花卉产品质量监督检验测试中心（昆明）、农业部花卉产品质量监督检验测试中心（广州）	本标准规定了非洲菊切花种苗的等级划分、抽样方法、检测方法、判定原则以及包装和贮运的技术要求。本标准适用于花卉生产及贸易中花卉种苗的等级划分。
NY/T 1593—2008		月季切花种苗等级规格	农业部花卉产品质量监督检验测试中心（上海）、农业部花卉产品质量监督检验测试中心（昆明）、农业部花卉产品质量监督检验测试中心（广州）	本标准规定了月季切花种苗的等级划分、抽样方法、检测方法、判定原则以及包装和贮运的技术要求。本标准适用于花卉生产及贸易中花卉种苗的等级划分。
NY/T 1656.5—2008		花卉检验技术规范 第5部分：花卉种子检验	农业部蔬菜品质监督检验测试中心（北京）、农业部花卉产品质量监督检验测试中心（上海）、农业部花卉产品质量监督检验测试中心（昆明）、农业部花卉产品质量监督检验测试中心（广州）	本部分规定了花卉种子检验的抽样、净度分析、其他植物种子数目测定、发芽实验、生活力的生物化学测定、种子健康测定、种及品种鉴定、水分测定、重量测定、包衣种子检验的基本规则和技术要求。本部分适用于花卉种子的检测。
NY/T 1656.6—2008		花卉检验技术规范 第6部分：种苗检验	农业部蔬菜品质监督检验测试中心（北京）、农业部花卉产品质量监督检验测试中心（上海）、农业部花卉产品质量监督检验测试中心（昆明）、农业部花卉产品质量监督检验测试中心（广州）	本部分规定了种苗质量检验的基本规则和技术要求。本部分适用于种苗生产、贮运和国内外贸易中产品质量的检验。

标准号	被代替标准号	标准名称	起草单位	范　围
NY/T 1656.7—2008		花卉检验技术规范 第 7 部分：种球检验	农业部蔬菜品质量监督检验测试中心（北京）、农业部花卉产品质量监督检验测试中心（上海）、农业部花卉产品质量监督检验测试中心（昆明）、农业部花卉产品质量监督检验测试中心（广州）	本部分规定了种球质量检验的基本规则和技术要求。本部分适用于种球生产和国内外贸易中产品质量的检验。
NY/T 1657—2008		花卉脱毒种苗生产技术规程 香石竹、菊花、兰花、补血草、满天星	农业部花卉产品质量监督检验测试中心（上海）	本标准规定了香石竹、菊花、兰花、补血草和满天星五种花卉脱毒种苗生产技术规程，适用于我国花卉种苗生产。

1.2　土壤与肥料

标准号	被代替标准号	标准名称	起草单位	范　围
NY/T 1121.19—2008		土壤检测　第 19 部分：土壤水稳性大团聚体组成的测定	全国农业技术推广服务中心、农业部肥料质量监督检验测试中心（成都）、农业部肥料质量监督检验测试中心（沈阳）、贵州省土壤肥料工作总站	本标准规定了湿筛法测定土壤水稳性大团聚体组成的方法。本标准适用于各类土壤中水稳性大团聚体组成的测定。
NY/T 1121.20—2008		土壤检测　第 20 部分：土壤微团聚体组成的测定	全国农业技术推广服务中心、农业部肥料质量监督检验测试中心（武汉）、农业部肥料质量监督检验测试中心（郑州）、浙江省土壤肥料工作站、贵州省土壤肥料工作总站	本标准规定了吸管法测定土壤微团聚体组成的方法。本标准适用于各类土壤微团聚体组成的测定。

标准号	被代替标准号	标准名称	起草单位	范　围
NY/T 1121.21—2008		土壤检测　第21部分：土壤最大吸湿量的测定	全国农业技术推广服务中心、农业部肥料质量监督检验测试中心（合肥）、北京市土壤肥料工作总站	本标准规定了硫酸钾饱和溶液法测定土壤最大吸湿量的方法。本标准适用于各类土壤最大吸湿量的测定。
NY/T 1613—2008		土壤质量　重金属测定　王水回流消解电感耦合等离子体质量法	农业部环境保护科研监测所	本标准规定了土壤中铜、锌、镍、铬、铅和镉的王水回流消解原子吸收测定方法。本标准适用于土壤中铜、锌、铬、铅、镍、铬和镉的测定。土壤中的铜、锌、镍、铬适用于土壤火焰原子吸收法；土壤中镉含量在25mg/kg以上适用于土壤火焰原子吸收法，铅含量在25mg/kg以上适用于土壤火焰原子吸收法，铅含量在25mg/kg以下适用于石墨炉原子吸收法；土壤中镉含量在5mg/kg以上适用于土壤火焰电子吸收法，镉含量在5mg/kg以下适用于石墨炉原子吸收法。
NY/T 1615—2008		石灰性土壤交换性盐基及盐基总量的测定	银川土壤肥料测试中心	本标准规定了以pH8.5氯化铵—乙醇溶液作交换液、原子吸收分光光度计测定土壤交换性钙、镁、火焰光度计测定土壤交换性钾、钠含量的方法。本标准适用于石灰性土壤交换性盐基及盐基总量的测定。

（续）

标准号	被代替标准号	标准名称	起草单位	范　　围
NY/T 1616—2008		土壤中9种磺酰脲类除草剂残留量的测定 液相色谱—质谱法	中国农业大学	本标准规定了用液相色谱—质谱法测定土壤中烟嘧磺隆、噻吩磺隆、甲磺隆、苄嘧磺隆、氯嘧磺隆、吡嘧磺隆、胺苯磺隆、氯磺隆9种磺酰脲类除草剂残留量的方法。本标准适用于土壤中上述9种磺酰脲类除草剂残留量的测定。
NY/T 1634—2008		耕地地力调查与质量评价技术规程	全国农业技术推广服务中心、山东省土壤肥料总站、江苏省扬州市土壤肥料站、上海市农业技术推广服务中心、湖南省土壤肥料工作站	本标准规定了耕地地力与耕地环境质量调查与评价的方法、程序与内容。本标准适用于耕地地力与耕地环境质量调查与评价，也适用于园地地力与园地环境质量的调查与评价。

1.3　植保与农药

标准号	被代替标准号	标准名称	起草单位	范　　围
NY 1500.13.3—2008		农药最大残留限量　甲拌磷　水果	农业部农药检定所	本标准规定了水果中甲拌磷的最大残留限量为0.01mg/kg（包括母体及其砜、亚砜的总和）。
NY 1500.13.4—2008		农药最大残留限量　甲拌磷　蔬菜	农业部农药检定所	本标准规定了蔬菜中甲拌磷的最大残留限量为0.01mg/kg（包括母体及其砜、亚砜的总和）。

标准号	被代替标准号	标准名称	起草单位	范　围
NY 1500.31.1—2008		农药最大残留限量 甲胺磷 水果	农业部农药检定所	本标准规定了水果中甲胺磷的最大残留限量为 0.05mg/kg。
NY 1500.32.1—2008		农药最大残留限量 甲基对硫磷 水果	农业部农药检定所	本标准规定了水果中甲基对硫磷的最大残留限量为 0.02mg/kg。
NY 1500.32.2—2008		农药最大残留限量 甲基对硫磷 蔬菜	农业部农药检定所	本标准规定了蔬菜中甲基对硫磷的最大残留限量为 0.02mg/kg。
NY 1500.33.1—2008		农药最大残留限量 久效磷 水果	农业部农药检定所	本标准规定了水果中久效磷的最大残留限量为 0.03mg/kg。
NY 1500.33.2—2008		农药最大残留限量 久效磷 蔬菜	农业部农药检定所	本标准规定了蔬菜中久效磷的最大残留限量为 0.03mg/kg。
NY 1500.34.1—2008		农药最大残留限量 磷胺 水果	农业部农药检定所	本标准规定了水果中磷胺的最大残留限量为 0.05mg/kg。
NY 1500.34.2—2008		农药最大残留限量 磷胺 蔬菜	农业部农药检定所	本标准规定了蔬菜中磷胺的最大残留限量为 0.05mg/kg。
NY 1500.35.1—2008		农药最大残留限量 甲基异柳磷 水果	农业部农药检定所	本标准规定了水果中甲基异柳磷的最大残留限量为 0.01mg/kg。
NY 1500.35.2—2008		农药最大残留限量 甲基异柳磷 蔬菜	农业部农药检定所	本标准规定了蔬菜中甲基异柳磷的最大残留限量为 0.01mg/kg。
NY 1500.36.1—2008		农药最大残留限量 特丁硫磷 水果	农业部农药检定所	本标准规定了水果中特丁硫磷的最大残留限量为 0.01mg/kg。
NY 1500.36.2—2008		农药最大残留限量 特丁硫磷 蔬菜	农业部农药检定所	本标准规定了蔬菜中特丁硫磷的最大残留限量为 0.01mg/kg。

标准号	被代替标准号	标准名称	起草单位	范　围
NY 1500.37.1—2008		农药最大残留限量 甲基硫环磷　水果	农业部农药检定所	本标准规定了水果中甲基硫环磷的最大残留限量为 0.03mg/kg。
NY 1500.37.2—2008		农药最大残留限量 甲基硫环磷　蔬菜	农业部农药检定所	本标准规定了蔬菜中甲基硫环磷的最大残留限量为 0.03mg/kg。
NY 1500.38.1—2008		农药最大残留限量 治螟磷　水果	农业部农药检定所	本标准规定了水果中治螟磷的最大残留限量为 0.01mg/kg。
NY 1500.38.2—2008		农药最大残留限量 治螟磷　蔬菜	农业部农药检定所	本标准规定了蔬菜中治螟磷的最大残留限量为 0.01mg/kg。
NY 1500.39.1—2008		农药最大残留限量 内吸磷　水果	农业部农药检定所	本标准规定了水果中内吸磷的最大残留限量为 0.02mg/kg。
NY 1500.39.2—2008		农药最大残留限量 内吸磷　蔬菜	农业部农药检定所	本标准规定了蔬菜中内吸磷的最大残留限量为 0.02mg/kg。
NY 1500.40.1—2008		农药最大残留限量 克百威　水果	农业部农药检定所	本标准规定了水果中克百威（包括母体及三羟基克百威）的最大残留限量为 0.02mg/kg 三羟基克百威的总和）。
NY 1500.40.2—2008		农药最大残留限量 克百威　蔬菜	农业部农药检定所	本标准规定了蔬菜中克百威（包括母体及三羟基克百威）的最大残留限量为 0.02mg/kg 三羟基克百威的总和）。
NY 1500.41.1—2008		农药最大残留限量 涕灭威　水果	农业部农药检定所	本标准规定了水果中涕灭威（包括母体及其砜、亚砜）的最大残留限量为 0.02mg/kg 及其砜、亚砜的总和）。

标准号	被代替标准号	标准名称	起草单位	范　围
NY 1500. 41. 2—2008		农药最大残留限量 涕灭威　蔬菜	农业部农药检定所	本标准规定了蔬菜中涕灭威的最大残留限量为 0. 02mg/kg（包括母体及其砜、亚砜的总和）。
NY 1500. 42. 1—2008		农药最大残留限量 灭线磷　水果	农业部农药检定所	本标准规定了水果中灭线磷的最大残留限量为 0. 02mg/kg。
NY 1500. 42. 2—2008		农药最大残留限量 灭线磷　蔬菜	农业部农药检定所	本标准规定了蔬菜中灭线磷的最大残留限量为 0. 02mg/kg。
NY 1500. 43. 1—2008		农药最大残留限量 硫环磷　水果	农业部农药检定所	本标准规定了水果中硫环磷的最大残留限量为 0. 03mg/kg。
NY 1500. 43. 2—2008		农药最大残留限量 硫环磷　蔬菜	农业部农药检定所	本标准规定了蔬菜中硫环磷的最大残留限量为 0. 03mg/kg。
NY 1500. 44. 1—2008		农药最大残留限量 蝇毒磷　水果	农业部农药检定所	本标准规定了水果中蝇毒磷的最大残留限量为 0. 05mg/kg。
NY 1500. 44. 2—2008		农药最大残留限量 蝇毒磷　蔬菜	农业部农药检定所	本标准规定了蔬菜中蝇毒磷的最大残留限量为 0. 05mg/kg。
NY 1500. 45. 1—2008		农药最大残留限量 地虫硫磷　水果	农业部农药检定所	本标准规定了水果中地虫硫磷的最大残留限量为 0. 01mg/kg。
NY 1500. 45. 2—2008		农药最大残留限量 地虫硫磷　蔬菜	农业部农药检定所	本标准规定了蔬菜中地虫硫磷的最大残留限量为 0. 01mg/kg。
NY 1500. 46. 1—2008		农药最大残留限量 氯唑磷　水果	农业部农药检定所	本标准规定了水果中氯唑磷的最大残留限量为 0. 01mg/kg。

（续）

标准号	被代替标准号	标准名称	起草单位	范　围
NY 1500.46.2—2008		农药最大残留限量　氯唑磷　蔬菜	农业部农药检定所	本标准规定了蔬菜中氯唑磷的最大残留限量为 0.01mg/kg。
NY 1500.47.1—2008		农药最大残留限量　苯线磷　水果	农业部农药检定所	本标准规定了水果中苯线磷的最大残留限量为 0.02mg/kg。
NY 1500.47.2—2008		农药最大残留限量　苯线磷　蔬菜	农业部农药检定所	本标准规定了蔬菜中苯线磷的最大残留限量为 0.02mg/kg。
NY 1500.48.1—2008		农药最大残留限量　杀虫脒　水果	农业部农药检定所	本标准规定了水果中杀虫脒的最大残留限量为 0.01mg/kg。
NY 1500.48.2—2008		农药最大残留限量　杀虫脒　蔬菜	农业部农药检定所	本标准规定了蔬菜中杀虫脒的最大残留限量为 0.01mg/kg。
NY 1500.49.1—2008		农药最大残留限量　氧乐果　水果	农业部农药检定所	本标准规定了水果中氧乐果的最大残留限量为 0.02mg/kg。
NY 1500.49.2—2008		农药最大残留限量　氧乐果　水果（除柑橘）	农业部农药检定所	本标准规定了蔬菜中氧乐果的最大残留限量为 0.02mg/kg。
NY/T 1154.9—2008		农药室内生物测定试验准则　杀虫剂　第9部分：喷雾法	农业部农药检定所	本标准规定了喷雾法测定杀虫剂生物活性的试验方法。本标准适用于农药登记用杀虫剂触杀活性室内生物测定试验。
NY/T 1154.10—2008		农药室内生物测定试验准则　杀虫剂　第10部分：人工饲料混药法	农业部农药检定所	本标准规定了人工饲料混药法测定杀虫剂生物活性的试验方法。本标准适用于农药登记用杀虫剂室内生物测定试验。

标准号	被代替标准号	标准名称	起草单位	范 围
NY/T 1154.11—2008		农药室内生物测定试验准则 杀虫剂 第11部分：稻茎浸渍法	农业部农药检定所	本标准规定了稻茎浸渍法测定杀虫剂生物活性测定方法。本标准适用于农药登记用杀虫剂防治刺吸式口器室内生物测定试验。
NY/T 1154.12—2008		农药室内生物测定试验准则 杀虫剂 第12部分：玻片浸渍法	农业部农药检定所	本标准规定了玻片浸渍法测定杀螨剂杀螨活性的试验方法。本标准适用于农药登记用杀螨剂室内生物测定试验。
NY/T 1154.13—2008		农药室内生物测定试验准则 杀虫剂 第13部分：叶碟喷雾法	农业部农药检定所	本标准规定了叶碟喷雾法测定杀螨剂杀螨活性的试验方法。本标准适用于农药登记用杀螨剂室内生物测定试验。
NY/T 1154.14—2008		农药室内生物测定试验准则 杀虫剂 第14部分：浸叶法	农业部农药检定所	本标准规定了浸叶法测定杀虫剂生物活性的试验方法。本标准适用于农药登记用杀虫剂室内生物测定试验。
NY/T 1155.9—2008		农药室内生物测定试验准则 除草剂 第9部分：水田除草活性测定试验 茎叶喷雾法	农业部农药检定所	本标准规定了喷雾法测定水田除草剂茎叶处理活性的基本要求和方法。本标准适用于农药登记用水田除草剂茎叶活性测定的室内试验。
NY/T 1156.9—2008		农药室内生物测定试验准则 杀菌剂 第9部分：抑制灰霉病菌试验 叶片法	农业部农药检定所	本标准规定了叶片法测定杀菌剂抑制灰霉病菌的试验方法。本标准适用于农药登记用杀菌剂对黄瓜、番茄、草莓、葡萄等作物的灰霉病菌的室内生物活性测定试验。

标准号	被代替标准号	标准名称	起草单位	范围
NY/T 1156.10—2008		农药室内生物测定试验准则 杀菌剂 第10部分：防治灰霉病试验 盆栽法	农业部农药检定所	本标准规定了盆栽法测定杀菌剂防治灰霉病的试验方法。本标准适用于农药登记用杀菌剂对黄瓜、番茄、草莓、葡萄等作物的灰霉病的室内生物活性测定试验。
NY/T 1156.11—2008		农药室内生物测定试验准则 杀菌剂 第11部分：防治瓜类白粉病试验 盆栽法	农业部农药检定所	本标准规定了盆栽法测定杀菌剂防治瓜类白粉病的试验方法。本标准适用于农药登记用杀菌剂防治瓜类白粉病的室内生物活性测定试验。
NY/T 1156.12—2008		农药室内生物测定试验准则 杀菌剂 第12部分：防治晚疫病试验 盆栽法	农业部农药检定所	本标准规定了盆栽法测定杀菌剂防治晚疫病的试验方法。本标准适用于农药登记用杀菌剂防治马铃薯晚疫病的室内生物活性测定试验。
NY/T 1156.13—2008		农药室内生物测定试验准则 杀菌剂 第13部分：抑制晚疫病菌试验 叶片法	农业部农药检定所	本标准规定了叶片法测定杀菌剂抑制晚疫病菌生物活性的试验方法。本标准适用于杀菌剂防治番茄和马铃薯晚疫病菌的室内生物活性测定试验。
NY/T 1156.14—2008		农药室内生物测定试验准则 杀菌剂 第14部分：防治瓜类炭疽病试验 盆栽法	农业部农药检定所	本标准规定了盆栽法测定杀菌剂防治炭疽病的试验方法。本标准适用于农药登记用杀菌剂对瓜类作物炭疽病的室内生物活性测定试验。

（续）

标准号	被代替标准号	标准名称	起草单位	范围
NY/T 1156.15—2008		农药室内生物测定试验准则 杀菌剂 第15部分：防治麦类叶锈病试验 盆栽法	农业部农药检定所	本标准规定了盆栽法测定杀菌剂防治麦类叶锈病的试验方法。本标准适用于农药登记用杀菌剂防治小麦、大麦等麦类叶锈病的室内生物活性测定试验。
NY/T 1156.16—2008		农药室内生物测定试验准则 杀菌剂 第16部分：抑制细菌生长量试验 浑浊度法	农业部农药检定所	本标准规定了浑浊度法测定杀菌剂抑制细菌生长量的试验方法。本标准适用于农药登记用杀菌剂抑制植物病原细菌生长的室内生物活性测定试验。
NY/T 1601—2008		水果中辛硫磷残留量的测定 气相色谱法	农业部果品及苗木质量监督检验测试中心（兴城）、中国农业科学院果树研究所	本标准规定了水果中辛硫磷残留量的气相色谱测定法。本标准适用于水果中辛硫磷残留量的测定。本标准方法检出限为0.02mg/kg。
NY/T 1603—2008		蔬菜中溴氰菊酯残留量的测定 气相色谱法	沈阳农业大学、沈阳市质量技术监督局苏家屯分局、农业部农药质量监督检验测试中心（沈阳）	本标准规定了气相色谱测定蔬菜中溴氰菊酯残留量的测定方法。本标准适用于蔬菜中溴氰菊酯残留量的测定。本标准方法检出限为0.005mg/kg。
NY/T 1608—2008		小麦赤霉病防治技术规范	全国农业技术推广服务中心	本标准规定了小麦赤霉病 [Gibberella zeae（Schw.）Petch] 的主要防治技术。本标准适用于小麦赤霉病防治的防治。

标准号	被代替标准号	标准名称	起草单位	范围
NY/T 1609—2008		水稻条纹叶枯病测报技术规范	全国农业技术推广服务中心、江苏省植物保护站、江苏省农业科学院植物保护研究所	本标准规定了水稻条纹叶枯病介体灰飞虱虫卵量、条纹叶枯病的调查方法和调查方法和数据记载归档等内容。本标准适用于水稻条纹叶枯病测报调查。
NY/T 1610—2008		桃小食心虫测报技术规范	全国农业技术推广服务中心	本标准规定了桃小食心虫越冬幼虫出土调查、田间成虫消长调查、田间卵量消长调查、虫果率调查、预报方法、发生程度划分、数据传输、调查资料表册等方面内容。本标准适用于苹果、梨园桃小食心虫田间调查和预报。其他果树可参照此标准执行。
NY/T 1611—2008		玉米螟测报技术规范	全国农业技术推广服务中心	本标准规定了玉米螟发生世代分区、发生程度分级指标、越冬基数调查、各代化蛹和羽化进度调查、成虫调查、卵量调查、幼虫调查、发生期和发生程度预测预报、资料收集、汇总和汇报等的技术方法。本标准适用于玉米田玉米螟调查和预报。
NY/T 1612—2008		农作物病虫电视预报节目制作技术规范	全国农业技术推广服务中心	本标准规定了农作物病虫电视预报节目制作的硬件、软件、发生程度的划分、节目结构，发生区域、地图及发生区域颜色和播出表示、质量要求。本标准适用于制作农作物病虫电视预报节目。

（续）

标准号	被代替标准号	标准名称	起草单位	范围
NY 1614—2008		农田灌溉水中4-硝基氯苯、2，4-二硝基氯苯、邻苯二甲酸二丁酯、邻苯二甲酸二辛酯的最大限量	农业部环境保护科研监测所	本标准规定了农田灌溉水中4-硝基氯苯、2，4-二硝基氯苯、邻苯二甲酸二丁酯、邻苯二甲酸二辛酯的最大限量。本标准适用于以地表水、地下水和处理后的农田灌溉用水。不适用于城镇生活污水作水源的农田灌溉用水。不适用于生物制品、化学试剂、农药、石油炼制、焦化和有机化工等处理后的工业废水进行灌溉。
NY/T 1617—2008		农药登记用杀钉螺剂药效试验方法和药效评价	农业部农药检定所、中国疾病预防控制中心寄生虫病预防控制所、湖南省血吸虫病防治所、江苏省疾病预防控制所、湖北省血吸虫病防治中心	本标准规定了杀钉螺剂室内和现场浸杀、喷洒药效试验方法和药效评价指标。本标准适用于农药登记卫生杀钉螺剂。本标准化学合成杀螺剂，包括天然源和化学合成杀螺剂。
NY/T 1649—2008		水果、蔬菜中噻苯咪唑残留量的测定 高效液相色谱法	农业部农产品质量监督检验测试中心（杭州）	本标准规定了水果、蔬菜中噻苯咪唑残留量（噻菌灵）的测定方法。本标准适用于水果、蔬菜中噻苯咪唑（噻菌灵）残留量的测定。本标准方法检出限为0.01mg/kg。
NY/T 1650—2008		苹果及山楂制品中展青霉素的测定 高效液相色谱法	农业部食品质量监督检验测试中心（上海）	本标准规定了苹果及山楂制品中展青霉素的高效液相色谱测定方法。本标准适用于苹果及山楂制品中展青霉素的测定。本标准中液体样品检出限为8μg/L，固液体及固体样品检出限为12μg/kg。

（续）

标准号	被代替标准号	标准名称	起草单位	范围
NY/T 1651—2008		蔬菜及制品中番茄红素的测定 高效液相色谱法	农业部蔬菜品质监督检验测试中心（北京），中国农业科学院农业质量标准与检测技术研究所	本标准规定了用高效液相色谱仪测定蔬菜及制品中番茄红素的测定方法。本标准适用于番茄、胡萝卜、番茄汁、番茄酱等蔬菜及制品中番茄红素的测定。本方法的线性范围为10ng～1 000ng。本方法的检出限为0.13mg/kg。
NY/T 1652—2008		蔬菜、水果中克螨特残留量的测定 气相色谱法	农业部蔬菜品质监督检验测试中心（北京）	本标准规定了用气相色谱仪测定蔬菜、水果中克螨特残留量的方法。本标准适用于菜豆、黄瓜、芹菜、番茄、甘蓝、普通白菜、萝卜等蔬菜、苹果、柑橘等水果中克螨特残留量的测定。本方法的标准曲线的线性范围为0.05mg/L～0.2mg/L。本方法的检出限为0.08mg/kg。
NY/T 1653—2008		蔬菜、水果及制品中矿质元素的测定 电感耦合等离子体发射光谱法	农业部蔬菜品质监督检验测试中心（北京），中国农业科学院农业质量标准与检测技术研究所	本标准规定了用电感耦合等离子体发射光谱法测定蔬菜、水果及制品中磷、钾、钠、钙、镁、铁、锰、铜、锌、硼含量的测定方法。本标准适用于蔬菜、水果及制品中磷、钾、钠、钙、镁、铁、锰、铜、锌、硼含量的测定。本方法的线性范围为0～500mg/L，本方法检出限为0.001mg/L～0.171mg/L。

（续）

标准号	被代替标准号	标准名称	起草单位	范围
NY/T 1667.1—2008		农药登记管理术语 第 1 部分：基本术语	农业部农药检定所	本部分规定了农药登记工作的基本术语。本部分适用于农药管理领域。
NY/T 1667.2—2008		农药登记管理术语 第 2 部分：产品化学	农业部农药检定所	本部分规定了农药登记工作中常用的产品化学术语。本部分适用于农药管理领域。
NY/T 1667.3—2008		农药登记管理术语 第 3 部分：农药药效	农业部农药检定所	本部分规定了农药登记工作中常用的农药药效术语。本部分适用于农药管理领域。
NY/T 1667.4—2008		农药登记管理术语 第 4 部分：农药毒理	农业部农药检定所	本部分规定了农药登记工作中常用的农药毒理术语。本部分适用于农药管理领域。
NY/T 1667.5—2008		农药登记管理术语 第 5 部分：环境影响	农业部农药检定所	本部分规定了农药登记工作中常用的环境影响术语。本部分适用于农药管理领域。
NY/T 1667.6—2008		农药登记管理术语 第 6 部分：农药残留	农业部农药检定所	本部分规定了农药登记工作中常用的农药残留术语。本部分适用于农药管理领域。
NY/T 1667.7—2008		农药登记管理术语 第 7 部分：农药监督	农业部农药检定所	本部分规定了农药登记工作中常用的农药监督术语。本部分适用于农药管理领域。
NY/T 1667.8—2008		农药登记管理术语 第 8 部分：农药应用	农业部农药检定所	本部分规定了农药登记工作中常用的农药应用术语。本部分适用于农药管理领域。

标准号	被代替标准号	标准名称	起草单位	范围
NY/T 1668—2008		农业野生植物原生境保护点建设技术规范	中国农业科学院作物科学研究所	本标准规定了农业野生植物原生境保护点建设的术语和定义、保护点的选择原则和保护点建设要求。本标准适用于农业野生植物原生境保护点的建设。
NY/T 1669—2008		农业野生植物调查技术规范	湖南省农业资源与环境保护管理站	本标准规定了农业野生植物调查准备、野外调查、标本采制、资料整理和报告编写。本标准适用于农业野生植物资源调查。
NY/T 1675—2008		农区草地螟预测预报技术规范	全国农业技术推广服务中心	本标准规定了农区（草地螟多发生在农田与草原、林地、荒地等交错分布的生境区域，其中农田比例大于或等于60%的地区称为农区）草地螟秋季越冬基数调查、春季越冬幼虫存活率调查、成虫观察、卵量观测、幼虫调查、防治和挽回损失统计、发生程度划分方法、预报方法和数据汇总与传输等方面内容。本标准适用于草地螟田间虫调查和预报。
NY/T 761—2008	NY/T 761—2004	蔬菜和水果中有机磷、有机氯、拟除虫菊酯和氨基甲酸酯类农药多残留的测定	农业部环境质量监督检验测试中心（天津）、农业部环境保护科研监测所	第1部分：蔬菜和水果中54种有机磷类农药多残留的测定；本部分规定了蔬菜和水果中敌敌畏、甲拌磷、乐果、对氧磷、对硫磷、甲基…甲基

标准号	被代替标准号	标准名称	起草单位	范　围
NY/T 761—2008	NY/T 761—2004	蔬菜和水果中有机磷、有机氯、拟除虫菊酯和氨基甲酸酯类农药多残留的测定	农业部环境质量监督检验测试中心（天津）、农业部环境保护科研监测所	对硫磷、杀螟硫磷、异柳磷、乙硫磷、喹硫磷、伏杀硫磷、敌百虫、马拉氧乐果、磷胺、甲基嘧啶硫磷、甲胺硫磷、辛硫磷、亚胺硫磷、甲基毒死蜱磷、二嗪磷、甲基毒死蜱、乙酰甲胺磷、倍硫磷、杀扑磷、苯胺丙灵、久效磷、百治磷、速灭磷、皮蝇磷、地虫硫磷、硫环磷、甲基硫磷、治螟磷、三唑磷、硫环磷、基硫环磷、益棉磷、保棉磷、蝇毒磷、地毒磷、灭菌磷、乙拌磷、除线磷、嘧啶磷、溴硫磷、乙基溴硫磷、丙溴磷、二溴磷、吡菌磷、特丁硫磷、水胺硫磷、灭线磷、伐灭磷、杀虫畏 54 种有机磷类农药多残留的检测方法。本部分适用于蔬菜和水果中上述 54 种农药残留量的检测。 第 2 部分：蔬菜和水果中 41 种有机氯和拟除虫菊酯类农药多残留的测定：本部分规定了蔬菜和水果中 α-666、β-666、δ-666、o，p′-DDE，p，p′-DDE，o，p′-DDD，p，p′-DDD，o，p′-DDT，p，p′-DDT，七氯、艾氏剂、异菌脲、联

标准号	被代替标准号	标准名称	起草单位	范围
NY/T 761—2008	NY/T 761—2004	蔬菜和水果中有机磷、有机氯、拟除虫菊酯和氨基甲酸酯类农药多残留的测定	农业部环境质量监督检验测试中心（天津）、农业部环境保护科研监测所	苯菊酯、顺式氯菊酯、氯菊酯、氟氯菊酯、西玛菊酯、莠去津、五氯硝基苯、林丹、乙烯菌核利、敌敌畏、三氯杀螨醇、硫丹、高效氯氰菊酯、氯硝胺、腐霉利、丁草胺、狄氏剂、异菌脲、甲氰菊酯、氟氰菊酯、乙酯、氟胺氰菊酯、氰戊菊酯、氯氰菊酯、氟氯氰菊酯、溴氰菊酯41种有机氯类、拟除虫菊酯类农药多残留气相色谱检测方法。本部分适用于蔬菜和水果中上述41种农药残留量的测定。第3部分：蔬菜和水果中10种氨基甲酸酯类农药及其代谢物多残留的测定；本部分规定了蔬菜和水果中涕灭威砜、涕灭威亚砜、涕灭威、3-羟基克百威、克百威、甲萘威、异丙威、速灭威、仲丁威、灭多威10种氨基甲酸酯类农药及其代谢物多残留液相色谱检测方法。本部分适用于蔬菜和水果中上述10种农药及其代谢物残留量的检测。

1.4 粮油作物及产品

标准号	被代替标准号	标准名称	起草单位	范　围
NY/T 1596—2008		油菜饼粕中异硫氰酸酯的测定 硫脲比色法	农业部油料及制品质量监督检验测试中心	本标准规定了硫脲比色法测定油菜饼粕中异硫氰酸酯含量的方法。本标准适用于油菜饼粕中异硫氰酸酯含量的测定。
NY/T 1597—2008		动植物油脂 紫外吸光值的测定	农业部油料及制品质量监督检验测试中心	本标准规定了动植物油脂紫外吸光值的测定方法。本标准适用于动植物油脂紫外吸光值的测定。
NY/T 1598—2008		食用植物油中维生素E组分和含量的测定 高效液相色谱法	农业部油料及制品质量监督检验测试中心	本标准规定了食用植物油中维生素E组分和含量的测定方法。本标准适用于食用植物油中维生素E组分和含量的测定。
NY/T 1602—2008		植物油中叔丁基羟基茴香醚（BHA）、2,6-二叔丁基对甲酚（BHT）和特丁基对苯二酚（TBHQ）的测定 高效液相色谱法	农业部油料及制品质量监督检验测试中心、中国农业科学院油料作物研究所	本标准规定了高效液相色谱法测定植物油中叔丁基羟基茴香醚（BHA）、2,6-二叔丁基对甲酚（BHT）和特丁基对苯二酚（TBHQ）含量的方法。本标准适用于植物油中叔丁基羟基茴香醚（BHA）、2,6-二叔丁基对甲酚（BHT）和特丁基对苯二酚（TBHQ）含量的测定。本方法检出限：TBHQ为1.0mg/kg，BHA为1.0mg/kg，BHT为0.5mg/kg。

标准号	被代替标准号	标准名称	起草单位	范　围
NY/T 1607—2008		水稻抛秧技术规程	四川省农业技术推广总站	本标准规定了水稻抛秧技术的育苗、抛栽、大田管理等操作技术规程。本标准适用于全国各类稻作区排灌条件良好的稻田。免耕抛秧田应是水源充足、排灌方便、保水保肥力强，而耕层深厚、非易旱田和砂质田。
NY/T 1635—2008		水稻工厂化（标准化）育秧设备　试验方法	广东省农业机械鉴定站	本标准规定了水稻工厂化（标准化）育秧设备的术语定义和性能试验方法。本标准适用于水稻工厂化（标准化）育秧设备的鉴定、选型和验收试验。

1.5　经济作物及产品

标准号	被代替标准号	标准名称	起草单位	范　围
NY/T 1583—2008		莲藕	农业部食品质量监督检验测试中心（武汉）、湖北省绿色食品管理办公室	本标准规定了莲藕的术语和定义、要求、试验方法、检验规则，标志、包装、运输和贮存。本标准适用于鲜食莲藕。
NY/T 1594—2008		水果中总膳食纤维的测定　非酶－重量法	农业部果品及苗木质量监督检验测试中心（兴城）、中国农业科学院果树研究所	本标准规定了水果中总膳食纤维含量测定的非酶－重量法。本标准适用于总膳食纤维含量≥10%，淀粉含量<2%（以干基计）的水果中总膳食纤维的测定。

（续）

标准号	被代替标准号	标准名称	起草单位	范 围
NY/T 1595—2008		芝麻中芝麻素含量的测定 高效液相色谱法	中国农业科学院油料作物研究所	本标准规定了高效液相色谱法测定芝麻中芝麻素含量的方法。本标准适用于芝麻中芝麻素含量的测定。本标准芝麻素检出限为 0.2mg/kg。
NY/T 1599—2008		大豆热损伤率的测定	农业部油料及制品质量监督检验测试中心	本标准规定了大豆热损伤的测定方法。本标准适用于大豆热损伤率的测定。
NY/T 1600—2008		水果、蔬菜及其制品中单宁含量的测定 分光光度法	农业部果品及苗木质量监督检验测试中心（兴城）、中国农业科学院果树研究所	本标准规定了用紫外可见分光光度法测定水果、蔬菜及其制品中单宁含量的方法。本标准适用于水果、蔬菜及葡萄酒中单宁含量的测定。本标准方法检出限为 0.01mg/kg，线性范围为 0mg/L～5.0mg/L。
NY/T 1604—2008		人参产地环境技术条件	农业部农业环境质量监督检验测试中心（长春）、农业部环境保护科研监测所	本标准规定了人参产地的选择要求、环境空气质量、灌溉水质量、土壤环境质量的各个项目要求、采样方法以及试验方法。本标准适用于人参产地环境要求。
NY/T 1605—2008		加工用马铃薯 油炸	中国农业科学院蔬菜花卉研究所、农业部蔬菜品质量监督检验测试中心（北京）	本标准规定了加工用马铃薯的要求、试验方法、检验规则、标志、包装、运输和贮存等技术要求。本标准适用于加工用马铃薯薯片、薯条加工用的马铃薯块茎。

标准号	被代替标准号	标准名称	起草单位	范　围
NY/T 1606—2008		马铃薯种薯生产技术操作规程	全国农业技术推广服务中心、黑龙江省农业科学院马铃薯研究所、中国农业科学院蔬菜花卉研究所、山西省农业种子总站、东北农业大学、河北省高寒作物研究所、山东省种子总站、福建省种子总站、湖北省种子管理站	本标准规定了马铃薯种薯生产技术要求。本标准适用于马铃薯种薯生产。
NY/T 1654—2008		蔬菜安全生产关键控制技术规程	农业部蔬菜水果质量监督检验测试中心（广州）、农业部农产品质量监督检验测试中心（深圳）	本标准规定了蔬菜产地环境选择、育苗、田间管理、采收、包装、标识、运输和贮存、质量管理等蔬菜安全生产关键控制技术。本标准适用于我国露地蔬菜生产的关键技术控制。
NY/T 1655—2008		蔬菜包装标识通用准则	农业部蔬菜水果质量监督检验测试中心（广州）、农业部科技发展中心	本标准规定了蔬菜包装标识的要求。本标准适用于蔬菜的包装与标识。
NY/T 1656.1—2008		花卉检验技术规范 第1部分：基本规则	农业部蔬菜品质监督检验测试中心（北京）、农业部花卉产品质量监督检验测试中心（上海）、农业部花卉产品质量监督检验测试中心（昆明）、农业部花卉产品质量监督检验测试中心（广州）	本部分规定了花卉种子、种苗、种球、草坪、切花、盆花、盆栽观叶植物质量检验的基本规则和技术要求。本部分适用于花卉生产、贮运和国内外贸易中产品质量的检验。

标准号	被代替标准号	标准名称	起草单位	范围
NY/T 1656.2—2008		花卉检验技术规范 第2部分：切花检验	农业部蔬菜品质监督检验测试中心（北京）、农业部花卉产品质量监督检验测试中心（上海）、农业部花卉产品质量监督检验测试中心（昆明）、农业部花卉产品质量监督检验测试中心（广州）	本部分规定了切花质量检验的基本规则和技术要求。本部分适用于切花生产、贮运及国内外贸易中产品质量的检验。
NY/T 1656.3—2008		花卉检验技术规范 第3部分：盆花检验	农业部蔬菜品质监督检验测试中心（北京）、农业部花卉产品质量监督检验测试中心（上海）、农业部花卉产品质量监督检验测试中心（昆明）、农业部花卉产品质量监督检验测试中心（广州）	本部分规定了盆花质量检验的基本规则和技术要求。本部分适用于盆花生产、贮运及国内外贸易中产品质量的检验。
NY/T 1656.4—2008		花卉检验技术规范 第4部分：盆栽观叶植物检验	农业部蔬菜品质监督检验测试中心（北京）、农业部花卉产品质量监督检验测试中心（上海）、农业部花卉产品质量监督检验测试中心（昆明）、农业部花卉产品质量监督检验测试中心（广州）	本部分规定了盆栽观叶植物质量检验的基本规则和技术要求。本部分适用于盆栽观叶植物生产、贮运和国内外贸易中产品质量的检验。
NY/T 1676—2008		食用菌中粗多糖含量的测定	农业部食用菌产品质量监督检验测试中心（上海）、上海市农业科学院食用菌研究所	本标准规定了食用菌中粗多糖的比色测定法。本标准适用于各种干、鲜食用菌产品中粗多糖的测定，不适用于添加淀粉、糊精、糊精粉及食用菌制品，以及食用菌液体发酵或固体发酵产品。本标准方法的检出限0.5mg/kg。

标准号	被代替标准号	标准名称	起草单位	范　围
NY/T 1677—2008		破壁灵芝孢子粉破壁率的测定	农业部食用菌产品质量监督检验检测中心（上海）、上海市农业科学院农产品质量标准与检测技术研究所、上海市农业科学院食用菌研究所	本标准规定了破壁灵芝孢子粉破壁率的测定方法。本标准适用于未添加任何辅料破壁灵芝孢子粉破壁率的测定。
NY/T 1584—2008		洋葱等级规格	中国农产品市场协会、农业部蔬菜品质监督检验测试中心（北京）	本标准规定了洋葱等级和规格的要求、抽样方法、包装、标识和图片。本标准适用于鲜食洋葱，不适用于分蘖洋葱和顶球洋葱。
NY/T 1585—2008		芦笋等级规格	农业部农产品质量监督检验测试中心（杭州）、海通食品集团股份有限公司	本标准规定了芦笋等级和规格的要求、包装、标识和图片。本标准适用于鲜销的芦笋。
NY/T 1586—2008		结球甘蓝等级规格	农业部农产品质量安全监督检验测试中心（重庆）、重庆市农业科学院蔬菜花卉所	本标准规定了结球甘蓝的等级和规格的要求、抽样方法、包装、标识和图片。本标准适用于鲜食结球甘蓝。
NY/T 1587—2008		黄瓜等级规格	中国农业大学	本标准规定了黄瓜的等级和规格的要求、包装、标识和图片。本标准适用于鲜食黄瓜，不适用于加工型黄瓜。
NY/T 1588—2008		苦瓜等级规格	农业部农产品质量监督检验测试中心（昆明）、云南省农业科学院质量标准与检测技术研究所。	本标准规定了苦瓜的等级和规格的要求、包装、标识和图片。本标准适用于鲜食白皮苦瓜和青皮苦瓜。

标准号	被代替标准号	标准名称	起草单位	范围
NY/T 1647—2008		菜心等级规格	农业部蔬菜水果质量监督检验测试中心（广州）	本标准规定了菜心等级规格的要求、包装和标识。本标准适用于菜心等级规格的划分。
NY/T 1648—2008		荔枝等级规格	农业部蔬菜水果质量监督检验测试中心（广州）	本标准规定了荔枝等级规格的术语和定义、要求、抽样方法、包装及标志。本标准适用于新鲜荔枝的等级规格划分。

2 畜牧兽医

2.1 动物检疫、兽医与疫病防治、畜禽场环境

标准号	被代替标准号	标准名称	起草单位	范　　　围
NY/T 1620—2008		种鸡场孵化厂动物卫生规范	大连瓦房店市动物检疫站	本标准规定了种鸡场、孵化厂卫生条件和雏鸡检疫的内容、方法。本标准适用于种鸡场、孵化厂日常卫生操作和雏鸡检疫。

2.2 兽药、畜牧、兽医用器械

标准号	被代替标准号	标准名称	起草单位	范　　　围
NY/T 1621—2008		兽医通乳针	农业部畜牧兽医器械质检中心、江苏通宝实业公司	本标准规定了兽医通乳针的型式、技术要求、试验方法、检验规则、标志、包装、运输、贮存。本标准适用于兽医通乳针。
NY/T 1622—2008		兽医塑钢连续注射器	农业部畜牧兽医器械质检中心、绍兴康达器械有限公司	本标准规定了兽医塑钢连续注射器的产品结构、型式及参数、技术要求、试验方法、检验规则、标志、包装、运输和贮存。本标准适用于兽医用兽医塑钢连续注射器系列产品的生产及检测。该系列产品装上兽医注射针和灌注药管后，供畜牧兽医工作者对动物防治病疫病注射和灌药液使用。

标准号	被代替标准号	标准名称	起草单位	范围
NY/T 1623—2008		兽医运输冷藏箱（包）	农业部畜牧兽医器械质检中心、新乡市豫科电器有限责任公司	本标准规定了兽医运输冷藏箱（包）的技术要求、试验方法、检验规则、标志、包装、贮运等。本标准适用于不同类型的兽医运输冷藏箱（包）。
NY/T 1624—2008		兽医组织镊、敷料镊	农业部畜牧兽医器械质检中心、江苏通宝实业公司	本标准规定了兽医组织镊、敷料镊的型式和基本尺寸、技术要求、试验方法、检验规则、标志、包装、运输、贮存。本标准适用于兽医组织镊、敷料镊。

2.3 动物饲养、繁育

标准号	被代替标准号	标准名称	起草单位	范围
NY/T 1670—2008		猪雌激素受体和卵泡刺激素β亚基单倍体型检测技术规程	全国畜牧总站、中国农业大学	本标准规定了猪雌激素受体（ESR）和卵泡刺激素β亚基（FSHβ）基因单倍体型检测规程。本标准适用于猪ESR基因型和FSHβ基因型的单独或单合并定性检测。
NY/T 1672—2008		绵羊多胎主效基因 F_{ec}^B 分子检测技术规程	中国农业科学院北京畜牧兽医研究所	本标准规定了绵羊多胎主效基因 F_{ec}^B 的分子检测方法。本标准适用于绵羊多胎主效基因 F_{ec}^B 的分子检测。

标准号	被代替标准号	标准名称	起草单位	范围
NY/T 1673—2008		畜禽微卫星DNA遗传多样性检测技术规程	全国畜牧总站	本标准规定了猪、牛、羊、鸡等畜禽微卫星DNA遗传多样性检测的技术规程。本标准适用于猪、牛、羊、鸡等畜禽遗传特性分析、遗传距离测定、亲缘关系分析等。
NY/T 1674—2008		牛羊胚胎质量检测技术规程	全国畜牧总站	本标准规定了牛羊胚胎形态评定和发育情况检测技术规程。本标准适用于新鲜的、冷冻的体内胚胎和体外胚胎的质量检测。

2.4 畜禽及其产品

标准号	被代替标准号	标准名称	起草单位	范围
NY 1658—2008		大通牦牛	中国农业科学院兰州畜牧与兽药研究所、青海省大通种牛场	本标准规定了大通牦牛的品种特征、评级标准和评级规则。本标准适用于大通牦牛品种的鉴定、选育和等级评定。
NY 1659—2008		天祝白牦牛	中国农业科学院兰州畜牧与兽药研究所、甘肃省天祝白牦牛育种实验场	本标准规定了天祝白牦牛的品种特征、评级标准和评级规则。本标准适用于天祝白牦牛的品种鉴定、选育和等级评定。

标准号	被代替标准号	标准名称	起草单位	范　围
NY/T 1660—2008		鸵鸟种鸟	中国鸵鸟养殖开发协会、中国农业大学、江门金鸵产业发展有限公司、汕头中金航技投资有限公司、陕西英考鸵鸟有限公司、河南金鹰特种养殖有限公司、中国西北鸵鸟繁育中心、河北石家庄市大山生物科技开发有限公司	本标准确立了鸵鸟种鸟测量性状的术语和定义，规定了黑颈鸵鸟、蓝劲鸵鸟和红颈鸵鸟种鸟的主要外貌特征、生长和繁殖性能及种鸟与评定原则。本标准适用于鸵鸟种鸟的鉴定和等级评定。
NY/T 1618—2008		鹿茸中氨基酸的测定氨基酸自动分析仪法	农业部参茸产品质量监督检验测试中心、吉林省农业科学院大豆研究所	本标准规定了用氨基酸自动分析仪测定鹿茸中氨基酸的常规酸水解法和氧化酸水解法。本标准适用于鹿茸（包括茸片、茸粉）中氨基酸的测定。常规酸水解法适用测定天门冬氨酸、苏氨酸、丝氨酸、谷氨酸、脯氨酸、甘氨酸、丙氨酸、缬氨酸、异亮氨酸、亮氨酸、酪氨酸、苯丙氨酸、组氨酸、赖氨酸和精氨酸的含量。氧化酸水解法适用于测定胱氨酸、蛋氨酸的含量。
NY/T 1625—2008		柞蚕种质量	辽宁省果蚕管理总站、辽宁省蚕业科学研究所、沈阳农业大学	本标准规定柞蚕（Antheraea pernyi）母种、原种、普通种的质量标准、检验方法和结果报告。本标准适用于柞蚕母种、原种、普通种的检验。

标准号	被代替标准号	标准名称	起草单位	范围
NY/T 1626—2008		柞蚕种放养技术规程	辽宁省果蚕管理总站、辽宁省蚕业科学研究所、沈阳农业大学	本标准规定柞蚕（Antheraea pernyi）良种繁育的术语、定义和放养技术。本标准适用于柞蚕母种、原种、普通种的放养。
NY/T 1661—2008		乳与乳制品中多氯联苯的测定 气相色谱法	农业部食品质量监督检验测试中心（上海）	本标准规定了乳与乳制品中多氯联苯含量的气相色谱测定方法。本标准适用于乳与乳制品中多氯联苯含量的测定。
NY/T 1662—2008		乳与乳制品中1，2-丙二醇的测定 气相色谱法	农业部食品质量监督检验测试中心（上海）	本标准规定了乳与乳制品中1，2-丙二醇的气相色谱方法。本标准适用于乳与乳制品中1，2-丙二醇的测定。本标准检出限为1.5mg/kg。
NY/T 1663—2008		乳与乳制品中β-乳球蛋白的测定 聚丙烯酰胺凝胶凝胶电泳法	农业部食品质量监督检验测试中心（上海）	本标准规定了乳与乳制品中β-乳球蛋白的SDS-PAGE凝胶电泳测定方法。本标准适用于乳与乳制品（生牛乳、奶粉、液态乳、奶酪、乳清粉）中β-乳球蛋白的测定。

标准号	被代替标准号	标准名称	起草单位	范　围
NY/T 1664—2008		牛乳中黄曲霉毒素M₁的快速检测 双流向酶联免疫法	农业部食品质量监督检验测试中心（上海）	本标准规定了牛乳中黄曲霉毒素M₁的双流向酶联免疫快速定性检测方法。本标准适用于生牛乳、巴氏杀菌乳、BHT灭菌乳和乳粉中黄曲霉毒素M₁的测定。本标准的方法检出限为0.5μg/kg。
NY/T 1665—2008		畜禽饮用水中总大肠菌群和大肠埃希氏菌的测定 酶底物法	农业部食品质量监督检验测试中心（上海）	本标准规定了畜禽饮用水中总大肠菌群和大肠埃希氏菌的酶底物法测定方法。本标准适用于畜禽饮用水中总大肠菌群和大肠埃希氏菌的最可能数（MPN）值的快速测定。本方法可同时检测畜禽饮用水中的总大肠菌群和大肠埃希氏菌。
NY/T 1666—2008		肉制品中苯并[a]芘的测定 高效液相色谱法	农业部肉及肉制品质量监督检验测试中心	本标准规定了熟肉制品中苯并[a]芘的高效液相色谱检测方法。本标准适用于烧烤、油炸、烟熏等肉制品中苯并[a]芘的检测。本方法苯并[a]芘的检出限为0.5μg/kg。
NY/T 1671—2008		乳及乳制品中共轭亚油酸（CLA）含量测定 气相色谱法	中国农业科学院北京畜牧兽医研究所、农业部奶及奶制品质量监督检验测试中心（北京）	本标准规定了乳及乳制品中共轭亚油酸（CLA）含量的气相色谱方法。本标准适用于乳及乳制品中CLA含量的测定。

标准号	被代替标准号	标准名称	起草单位	范　围
NY/T 1678—2008		乳及乳制品中蛋白质的测定 双缩脲比色法	中国农业大学、农业部奶及奶制品质量监督检验测试中心（北京）、农业部食品质量监督检验测试中心（上海）、农业部乳品质量监督检验测试中心	本标准规定了测定乳与乳制品中蛋白质含量的方法。本标准适用于乳与乳制品中蛋白质含量的测定。本方法检出限为 5×10^{-5} g/100g。

2.5 畜禽饲料与添加剂

标准号	被代替标准号	标准名称	起草单位	范　围
NY/T 1498—2008	NY/T 1498—2007	饲料添加剂 蛋氨酸铁	中国饲料工业协会、国家饲料质量监督检验中心（武汉）、广州天科科技有限公司	本标准规定了饲料添加剂蛋氨酸铁的要求、试验方法、检验规则及标签、包装、运输、储存等内容。本标准适用于由可溶性亚铁盐及蛋氨酸合成的蛋氨酸铁产品。
NY/T 1619—2008		饲料中甜菜碱的测定 离子色谱法	中国农业科学院农业质量标准与检测技术研究所、国家饲料质量监督检验中心（北京）、中国农业科学院饲料研究所	本标准规定了离子交换色谱法测定配合饲料、浓缩饲料和预混合饲料中甜菜碱的方法。本标准还适用于甜菜碱（盐酸盐）纯品和复合甜菜碱中甜菜碱含量的测定。本标准定量限为200mg/kg。

3 渔业

3.1 水产养殖

标准号	被代替标准号	标准名称	起草单位	范　　围
SC/T 1101—2008		湖泊渔业生态类型参数	中国水产科学研究院淡水渔业研究中心	本标准给出了宜渔湖泊的主要自然条件、湖泊渔业生态主要类型、湖泊渔业相关利用中适宜的非生物环境因子，以及湖泊渔业利用中适宜的种类与渔产潜力估算方法。本标准适用于200m²以上的淡水湖泊。
SC/T 1102—2008		虾类性状测定	中国水产科学研究院长江水产研究所、农业部淡水鱼类种质监督检验测试中心	本标准规定了虾类可量性状和可数性状测定的通用方法。本标准适用于对虾类和沼虾类性状测定。
SC/T 1103—2008		松浦鲤	中国水产科学研究院黑龙江水产研究所	本标准规定了松浦鲤（*Cyprinus carpio* var. *songpu*）的名称与分类、主要生物学性状、生态学特征、生长与繁殖、遗传学特性以及检测方法。本标准适用于松浦鲤的种质检测与鉴定。

标准号	被代替标准号	标准名称	起草单位	范　　围
SC/T 2010—2008		杂色鲍养殖技术规范	中国水产科学研究院南海水产研究所	本标准规定了杂色鲍（Haliotis diversicolor Reeve）亲鲍培育的环境条件、饲养设施、苗种培育的环境条件；育苗设施、苗种培育、养成及常见病防治技术。本部分适用于杂色鲍的人工苗种繁育及养成。
SC/T 2029—2008		鲈鱼配合饲料	福建省集美大学	本标准规定了鲈鱼（Lateolabrax japonicus）配合饲料的产品分类、技术要求、试验方法、检验规则、标志、标签、包装、运输和贮存。本标准适用于鲈鱼粉状与颗粒状配合饲料。
SC/T 7012—2008		水产养殖动物病害经济损失计算方法	全国水产技术推广总站、华中农业大学	本标准规定了水产养殖动物病害经济损失的术语、定义、计算的基本原理及计算方法。本标准适用于水产养殖动物病害经济损失的计算。
SC/T 1010—2008	SC/T 1010—1994	中华鳖池塘养殖技术规范	中国水产科学研究院长江水产研究所	本标准规定了中华鳖（Trionyx sinensis）养殖的环境条件、亲鳖培育、人工繁殖以及稚鳖、幼鳖和成鳖饲养技术。本标准适用于中华鳖的池塘养殖。

3.2 渔药及疾病检疫

标准号	被代替标准号	标准名称	起草单位	范　围
SC/T 3039—2008		水产品中硫丹残留量的测定 气相色谱法	农业部渔业环境及水产品质量监督检验测试中心（广州）、中国水产科学研究院南海水产研究所	本标准规定了水产品中硫丹残留量的气相色谱测定方法。本标准适用于水产品中硫丹残留量的测定。
SC/T 3040—2008		水产品中三氯杀螨醇残留量的测定 气相色谱法	农业部渔业环境及水产品质量监督检验测试中心（广州）、中国水产科学研究院南海水产研究所	本标准规定了水产品中三氯杀螨醇残留量的气相色谱测定方法。本标准适用于水产品中三氯杀螨醇残留量的测定。
SC/T 3041—2008		水产品中苯并（a）芘残留量的测定 高效液相色谱法	中国水产科学研究院南海水产研究所	本标准规定了水产品中苯并（a）芘的高效液相色谱测定方法。本标准适用于水产品及水产加工品中苯并（a）芘的测定。
SC/T 3042—2008		水产品中16种多环芳烃的测定 气相色谱-质谱法	宁波市海洋与渔业研究院	本标准规定了水产品中16种多环芳烃（PAHs）的气相色谱-质谱测定法。本标准适用于水产品及水产加工品中萘、苊烯、苊、芴、菲、蒽、荧蒽、芘、苯并[a]蒽、䓛、苯并[b]荧蒽、苯并[k]荧蒽、苯并[a]芘、二苯并[a,h]蒽、苯并[g,h,i]苝、茚并[1,2,3-cd]芘共16种多环芳烃的测定。16种多环芳烃的中英文名称及缩写见附录A。

标准号	被代替标准号	标准名称	起草单位	范　围
SC/T 7103—2008		水生动物产地检疫采样技术规范	全国水产技术推广总站、江苏省水产技术推广站	本标准规定了水生动物产地检疫的术语和定义、采样的要求、方法、记录，样品封存和运输方法。确立了水生动物产地检疫的采样依据。给出了水生动物产地检疫的采样指南。本标准适用于水生动物产地检疫样品的抽样和采样。

4 农牧机械

4.1 农业机械综合

标准号	被代替标准号	标准名称	起草单位	范　围
NY/T 1640—2008		农业机械分类	农业部农业机械试验鉴定总站、农业部农业机械维修研究所	本标准规定了农业机械（不含农业机械零部件）的分类代码及代码。本标准适用于农业机械化管理中对农业机械的分类及统计，农业机械其他行业可参照执行。
NY/T 1641—2008		农业机械质量评价技术规范标准编写规则	农业部农业机械试验鉴定总站、中国农业机械化科学研究院	本标准规定了农业机械质量评价技术规范标准的结构和编写要求。本标准适用于农业机械质量评价技术规范标准的编写。农业机械零部件和在用农业机械质量评价技术规范标准可参照执行。

4.2 拖拉机

标准号	被代替标准号	标准名称	起草单位	范　围
NY/T 1627—2008		手扶拖拉机底盘　质量评价技术规程	农业部农业机械试验鉴定总站、江苏省农业机械试验鉴定站、常州东风农机集团有限公司、浙江四方集团公司	本标准规定了手扶拖拉机底盘的质量指标、试验方法和检验规则。本标准适用于手扶拖拉机底盘。

标准号	被代替标准号	标准名称	起草单位	范围
NY/T 1629—2008		拖拉机排气烟度限值	农业部农业机械试验鉴定总站、中国一拖集团有限公司、江苏江淮动力股份有限公司	本标准规定了拖拉机稳态排气烟度的测量方法、判定方法和烟度限值。本标准适用于以柴油机为动力的轮式、履带式和手扶拖拉机。用于拖拉机及其他非固定作业农业机械的柴油机可参照执行。

4.3 其他农机具

标准号	被代替标准号	标准名称	起草单位	范围
NY/T 1628—2008		玉米免耕播种机　作业质量	农业部农业机械化技术开发推广总站、农业部农业机械试验鉴定总站、山东省农业机械技术推广站、天津市农业机械推广站、内蒙古自治区农牧业机械技术推广站、河北省农业机械技术推广站	本标准规定了玉米免耕播种机的作业质量、检测方法和检验规则。本标准适用于玉米免耕播种机进行免耕条播、免耕精播作业的质量评定。
NY/T 1630—2008		农业机械修理质量标准编写规则	农业部农业机械试验鉴定总站、黑龙江省农业机械维修研究所、中国农机学会农机维修学会	本标准规定了农业机械修理质量标准的结构编排要求和内容编写要求。本标准适用于农业机械整机及其零、部件修理质量标准的编写。
NY/T 1631—2008		方草捆打捆机　作业质量	农业部农业机械化技术开发推广总站、中国农业机械化科学研究院	本标准规定了方草捆打捆机作业质量、检测方法和检验规则。本标准适用于方草捆捡拾打捆机作业质量评定。

标准号	被代替标准号	标准名称	起草单位	范围
NY/T 1632—2008		可燃废料压制机质量评价技术规范	农业部干燥机械设备质量监督检验测试中心	本标准规定了可燃废料压制机的术语和定义、质量指标、试验方法和检验规则。本标准适用于螺旋棒制和环模压块可燃废料压制机的质量评价。
NY/T 1633—2008		微型耕耘机质量评价技术规范	农业部农业机械试验鉴定总站、江苏省农业机械试验鉴定站、常州东风农机集团有限公司、浙江四方集团公司	本标准规定了微型耕耘机的质量要求、试验方法和检验规则。本标准适用于功率不大于7.5kW、直接用驱动轮轴驱动旋转工作部件的微耕机的质量评价，其他微耕机可参照使用。
NY/T 1642—2008		在用背负式机动喷雾机质量评价技术规范	农业部南京农业机械化研究所、山东华盛中天药械有限公司	本标准规定了在用背负式机动喷雾机检验条件、质量要求、检验方法以及质量评价规则。本标准适用于农业、园林病虫害防治及卫生防疫中在用由汽油机驱动风机或液泵进行喷雾的背负式机动喷雾机的质量评定。
NY/T 1643—2008		在用手动喷雾器质量评价技术规范	农业部南京农业机械化研究所、浙江市下喷雾器有限公司	本标准规定了在用手动喷雾器检验条件、质量要求、检验方法以及质量评价规则。本标准适用于农业、园林病虫害防治及卫生防疫中在用的压缩喷雾器、背负式手动喷雾器的质量评定。

标准号	被代替标准号	标准名称	起草单位	范　　围
NY/T 1644—2008		粮食干燥机运行安全技术条件	农业部农机监理总站、农业部干燥机械设备质量监督检验测试中心	本标准规定了粮食干燥机及配套设备结构安全要求、环境保护、安全标志和安全使用要求。本标准适用于粮食干燥机及配套设备的安全监督检查。
NY/T 1645—2008		谷物联合收割机适用性评价方法	国家场上作业机械及机制小农具质量监督检验中心、农业部农业机械试验鉴定总站、江苏沃得农业机械有限公司	本标准规定了谷物联合收割机适用性评价指标、评价计算方法和评价规则。本标准适用于谷物（水稻、小麦）联合收割机。
NY/T 1646—2008		甘蔗深耕机械作业质量	广西壮族自治区农业机械化技术推广总站、广西壮族自治区农业机械鉴定站	本标准规定了甘蔗深耕机械的作业质量指标及检测方法和检验规则。本标准适用于甘蔗深耕机械作业质量的评定。

5 农村能源

5.1 沼气

标准号	被代替标准号	标准名称	起草单位	范 围
NY/T 1638—2008		沼气饭锅	农业部沼气科学研究所, 农业部沼气产品及设备质量监督检验测试中心	本标准规定了沼气饭锅的技术要求、试验方法、检验规则和标志、包装、运输和贮存。本标准适用于每次焖饭用的最大稻米重在 2.5kg 以下的家用饭锅和每次焖饭用大稻米量在 10kg 以下的公用饭锅。
NY/T 1639—2008		农村沼气"一池三改"技术规范	农业部科技教育司, 农业部科技发展中心, 西北农林科技大学, 中国农学会	本标准规定了农村户用沼气池与圈舍、厕所、厨房的总体布局, 技术要求、建设要求, 管理方法以及操作安全规程。本标准适用于农村户用沼气池与圈舍、厕所和厨房的配套改造和建设。

5.2 新型燃料、节能

标准号	被代替标准号	标准名称	起草单位	范 围
NY/T 1636—2008		高效预制组装架空炕连灶施工工艺规程	辽宁省农村能源办公室	本标准规定了高效预制组装架空炕连灶施工工艺及热性能指标。本标准适用于高效预制组装架空炕连灶的施工, 其他类型炕连灶参照执行。

标准号	被代替标准号	标准名称	起草单位	范　围
NY/T 1637—2008		二甲醚民用燃料	农业部科技发展中心、中国农村能源行业协会新型液体燃料与燃具专业委员会、中国科学院山西煤炭化学研究所	本标准规定了二甲醚作民用燃料的要求、试验方法、检验规则和标志、包装、贮存、运输、安全使用措施。本标准适用于以单独或与液化石油气按一定比例配混的二甲醚民用燃料。

6 无公害食品

6.1 植物性产品

标准号	被代替标准号	标准名称	起草单位	范 围
NY 5003—2008	NY 5003—2001, NY 5213—2004	无公害食品 白菜类蔬菜	农业部农产品质量安全中心、农业部蔬菜品质监督检验测试中心（北京）	本标准规定了无公害白菜类蔬菜的术语和定义、要求、标志和标签、检测规则、试验方法、包装、运输和贮存。本标准适用于无公害食品大白菜、小白菜、菜心、菜薹、乌塌菜和日本水菜等白菜类蔬菜。
NY 5005—2008	NY 5005—2001	无公害食品 茄果类蔬菜	农业部农产品质量安全中心、农业部蔬菜品质监督检验检测中心（北京）	本标准规定了无公害茄果类蔬菜的术语和定义、试验方法、检测规则、标志和标签、检验规则、包装、运输和贮存。本标准适用于无公害食品番茄、茄子、辣椒、甜椒、酸浆等茄果类蔬菜。
NY 5008—2008	NY 5008—2001	无公害食品 甘蓝类蔬菜	农业部农产品质量安全中心、农业部蔬菜品质监督检验检测中心（北京）	本标准规定了无公害甘蓝类蔬菜的术语和定义、要求、标志和标签、检测规则、试验方法、包装、运输和贮存。本标准适用于无公害食品结球甘蓝、花椰菜、青花菜和芥蓝等甘蓝类蔬菜。

（续）

标准号	被代替标准号	标准名称	起草单位	范围
NY 5021—2008	NY 5021—2001	无公害食品 香蕉	农业部农产品质量安全中心、农业部热带农产品质量监督检验测试中心	本标准规定了无公害食品香蕉的要求、检验方法、检验规则、标志和标签、包装、运输和贮存等。本标准适用于无公害食品香蕉。
NY 5115—2008	NY 5115—2002	无公害食品 稻米	农业部农产品质量安全中心、中国水稻研究所、农业部稻米及制品质量监督检验测试中心、农业部稻米及制品质量监督检验测试中心（上海）、浙江省端安市农业局	本标准规定了无公害食品稻米的要求、试验方法和检验规则及标志、标签、包装、运输、贮存。本标准适用于无公害食品稻谷、糙米和大米。

6.2　动物性产品

标准号	被代替标准号	标准名称	起草单位	范围
NY 5027—2008	NY 5027—2001	无公害食品 畜禽饮用水水质	农业部农产品质量安全中心、中国农业科学院北京畜牧兽医研究所、徐州师范大学	本标准规定了生产无公害畜禽饮用水水质的要求、检验方法。本标准适用于生产无公害食品的畜禽饮用水水质的要求。
NY 5028—2008	NY 5028—2001	无公害食品 畜禽产品加工用水水质	农业部农产品质量安全中心、中国农业科学院北京畜牧兽医研究所、徐州师范大学	本标准规定了无公害畜禽产品加工用水水质的术语和定义、要求、试验方法和检验规则。本标准适用于无公害食品的畜禽产品的加工用水水质的要求。

（续）

标准号	被代替标准号	标准名称	起草单位	范围
NY 5029—2008	NY 5029—2001	无公害食品 猪肉	农业部农产品质量安全中心、中国农业科学院北京畜牧兽医研究所、徐州师范大学	本标准规定了无公害猪肉的质量安全要求、试验方法、标志、包装、运输和贮存。本标准适用于无公害猪肉的质量安全评定。
NY 5134—2008	NY 5134—2002	无公害食品 蜂蜜	农业部农产品质量安全中心、农业部蜂产品质量监督检验测试中心（北京）	本标准规定了无公害蜂蜜的要求、试验方法、检验规则、标志、包装、运输和贮存。本标准适用于无公害蜂蜜的质量安全评定。
NY 5044—2008	NY 5044—2001	无公害食品 牛肉	农业部农产品质量安全中心、中国农业大学动物科技学院	本标准规定了无公害牛肉的要求、试验方法、检验规则、标志、包装、运输和贮存。本标准适用于无公害牛肉的质量安全评定。
NY 5045—2008	NY 5045—2001	无公害食品 生鲜牛乳	农业部农产品质量安全中心、农业部食品质量监督检验测试中心（上海）	本标准规定了无公害食品生鲜牛乳的要求、盛装、运输和贮存、标志等。本标准适用于无公害食品生鲜牛乳的质量安全评定。
NY 5147—2008	NY 5147—2002	无公害食品 羊肉	农业部农产品质量安全中心、中国农业大学动物科技学院	本标准规定了无公害食品羊肉的要求、试验方法、检验规则、标志、包装、运输和贮存。本标准适用于无公害食品羊肉的质量安全评定。

6.3 水产品

标准号	被代替标准号	标准名称	起草单位	范　围
NY 5062—2008	NY 5062—2001	无公害食品 扇贝	农业部农产品质量安全中心、广东海洋大学	本标准规定了无公害食品扇贝的要求、试验方法、检测规则、标志、包装、运输和贮存。本标准适用于海湾扇贝（Argopecten irradians）、栉孔扇贝（Chlamys farreri）、虾夷扇贝（Patinopecten yessoensis）的活体。其他扇贝的活体可参照执行。
NY 5068—2008	NY 5068—2001	无公害食品 鳗鲡	农业部农产品质量安全中心、中国水产科学研究院长江水产研究所	本标准规定了无公害食品活鳗鲡的要求、试验方法、检验规则、标志、包装、运输与暂养。本标准适用于日本鳗鲡（Anguilla japonica）、欧洲鳗鲡（Anguilla anguilla）等的活体。
NY 5154—2008	NY 5154—2002	无公害食品 牡蛎	农业部农产品质量安全中心、广东海洋大学	本标准规定了无公害食品牡蛎的要求、试验方法、检验规则、标志、包装、运输和贮存。本标准适用于近江牡蛎（Crassostrea rivularis）、褶牡蛎（Ostrea plicatula）、太平洋牡蛎（Crassostrea gigas）的活体和贝肉。其他牡蛎的活体和贝肉可参照执行。

标准号	被代替标准号	标准名称	起草单位	范围
NY 5162—2008	NY 5162—2002, NY 5276—2004	无公害食品 海水蟹	农业部农产品质量安全中心、国家水产品质量监督检验中心	本标准规定了无公害食品海水蟹的要求、试验方法、包装、标志、运输与贮藏。本标准适用于三疣梭子蟹（*Portunus trituberculatus*）、锯缘青蟹（*Scylla serrate*）的活品和鲜品，其他海水蟹可参照执行本标准。
NY 5164—2008	NY 5164—2002	无公害食品 乌鳢	农业部农产品质量安全中心、中国水产科学研究院长江水产研究所	本标准规定了无公害食品乌鳢的要求、试验方法、检验规则、标志、包装、运输及贮存。本标准适用于乌鳢（*Chana argus*）活体。
NY 5166—2008	NY 5166—2002	无公害食品 鳜	农业部农产品质量安全中心、中国水产科学研究院长江水产研究所	本标准规定了无公害食品鳜的要求、试验方法、检验规则、标志、包装、运输及贮存。本标准适用于鳜（*Siniperca chuatsi* Basilewsky）的活鱼、鲜鱼。
NY 5272—2008	NY 5272—2004	无公害食品 鲈	农业部农产品质量安全中心、广东海洋大学	本标准规定了无公害食品鲈的要求、试验方法、检验规则、标志、包装、运输和贮存。本标准适用于花鲈（*Lateolabrax japonicus*）、头吻鲈（*Lates calcarifer*）等的活鱼和鲜鱼。

7 兽药残留（农业部公告）

标准号	被代替标准号	标准名称	起草单位	范 围
农业部 1025 号公告—1—2008		牛奶中氨基苷类多残留检测 柱后衍生高效液相色谱法	华中农业大学	本标准规定了牛奶中氨基苷类抗生素残留检测的制样和柱后衍生高效液相色谱测定方法。本标准适用于牛奶中卡那霉素、安普霉素、新霉素、庆大霉素单个或多个残留量检测。
农业部 1025 号公告—2—2008		动物性食品中甲硝唑、地美硝唑及其代谢残留检测 液相色谱—串联质谱法	中国农业大学	本标准规定了动物源食品中硝基咪唑类药物及其代谢物残留量检测的制样和液相色谱—串联质谱方法。本标准适用于猪肌肉和猪肝脏组织中甲硝唑、二甲硝唑、甲硝唑的代谢产物羟基甲硝唑、二甲硝唑的代谢产物羟基甲硝唑残留量的检测。
农业部 1025 号公告—3—2008		动物性食品中玉米赤霉醇残留检测 酶联免疫吸附法和气相色谱—质谱法	中国农业大学	第一法：ELISA 快速检测法。本标准规定了动物源食品中玉米赤霉醇残留量的酶联免疫吸附测定快速检测方法（ELISA）。本标准适用于牛尿和牛肌肉中玉米赤霉醇残留量的检测。第二法：气相色谱—质谱确诊法（GC－MS）。本部分规

(续)

标准号	被代替标准号	标准名称	起草单位	范围
农业部 1025 号公告—3—2008		动物性食品中玉米赤霉醇残留检测 酶联免疫吸附法和气相色谱—质谱法	中国农业大学	定了动物源食品残留量的确证检测方法相关质谱附录方法。本部分适用于牛尿、牛肌肉和牛肝脏中玉米赤霉醇酮、α-玉米赤霉醇、β-玉米赤霉醇残留量的确证检测。
农业部 1025 号公告—4—2008		动物性食品中安定残留检测酶联免疫吸附法	中国农业大学	本标准规定了动物源食品中安定残留量的制样和酶联免疫吸附测定方法。本标准适用于猪肌肉、猪肝脏和猪尿液中安定残留量的测定。
农业部 1025 号公告—5—2008		动物性食品中阿维菌素类药物残留检测 酶联免疫吸附法、高效液相色谱法和液相色谱—串联质谱法	四川省兽药监察所、中国农业大学动物医学院	第一法：酶联免疫吸附法（ELISA）：本部分规定了动物源食品中阿维菌素类药物残留量的制样和酶联免疫吸附测定法。本部分适用于牛肌肉、牛肝脏和牛肌肉中埃普利诺菌素、阿维菌素残留量的测定。第二法：高效液相色谱法（HPLC）：本部分规定了动物源食品中阿维菌素类药物残留量的高效液相色谱法。本部分适用于牛肝脏、牛肌肉和猪肝脏中埃普利诺菌素、阿维菌素、多拉菌素残留量的检测。第三法：液相色谱—串联质谱法（LCMS-MS）：本部分规定了动物源食品中阿维菌素类药物残留检测方法。本部分适用于牛肝脏和牛肌肉中埃普利诺菌素、阿维菌素、多拉菌素残留量的测定。

标准号	被代替标准号	标准名称	起草单位	范　围
农业部 1025 号公告—6—2008		动物性食品中莱克多巴胺残留检测 酶联免疫吸附法	中国农业大学动物医学院	本标准规定了检测动物性食品中莱克多巴胺残留量的酶联免疫吸附测定法。本标准适用于猪肉、猪肝和猪尿液中莱克多巴胺残留量的检测。
农业部 1025 号公告—7—2008		动物性食品中磺胺类药物残留检测 酶联免疫吸附法	中国农业大学动物医学院	本标准规定了动物性食品中磺胺类药物残留量检测的酶联免疫吸附快速检测方法。本标准适用于猪肌肉、猪肝脏、鸡肌肉、鸡肝脏和鸡蛋中磺胺二甲嘧啶、磺胺二甲氧嘧啶、磺胺甲基嘧啶残留量的检测。
农业部 1025 号公告—8—2008		动物性食品中氟喹诺酮类药物残留检测 酶联免疫吸附法	中国农业大学动物医学院	本标准规定了动物性食品中氟喹诺酮类药物残留量检测的制样和酶联免疫吸附法。本标准适用于检测动物源性食品中猪肌肉、鸡肌肉、鸡肝脏、蜂蜜、鸡蛋和虾中恩诺沙星、环丙沙星、诺氟沙星、氧氟沙星、洛美沙星、噁喹酸、诺诺沙星、培氟沙星、达氟沙星、氟甲喹、麻保沙星、氨氟水星残留量的检测。

（续）

标准号	被代替标准号	标准名称	起草单位	范 围
农业部 1025 号公告—9—2008		动物性食品中多拉菌素残留检测 高效液相色谱法	中国农业大学动物医学院	本标准规定了动物性食品中多拉菌素残留量检测的制样和高效液相色谱测定方法。本标准适用于牛肝脏、牛肌肉、猪肝脏和猪肌肉组织中多拉菌素残留的检测。
农业部 1025 号公告—10—2008		动物性食品中替米考星残留检测 高效液相色谱法	中国农业大学动物医学院	本标准规定了动物性食品中替米考星残留量检测的制样和高效液相色谱测定方法。本标准适用于猪肝脏、猪肌肉、鸡肝脏和鸡肉中替米考星残留的检测。
农业部 1025 号公告—11—2008		猪尿中β-受体激动剂多残留检测 液相色谱—串联质谱法	中国兽医药品监察所	本标准规定了猪尿中克仑特罗、莱克多巴胺、沙丁胺醇和西马特罗残留量检测的制样和高效液相色谱—串联质谱的测定方法。本标准适用于猪尿中克仑特罗、莱克多巴胺、沙丁胺醇和西马特罗残留的检测。
农业部 1025 号公告—12—2008		鸡肉、猪肉中四环素类药物残留检测 液相色谱—串联质谱法	中国兽医药品监察所	本标准规定了动物性食品中四环素、土霉素及金霉素残留检测的制样和高效液相色谱—串联质谱的测定方法。本标准适用于猪肉、鸡肉组织中四环素、土霉素及金霉素单个或混合残留量的检测。

标准号	被代替标准号	标准名称	起草单位	范　　围
农业部 1025 号公告—13—2008		动物性食品中头孢噻呋残留检测 高效液相色谱法	中国兽医药品监察所	本标准规定了动物性食品中头孢噻呋残留检测的制样和高效液相色谱测定方法。本标准适用于猪、牛的肌肉、脂肪、肝脏和肾脏中头孢噻呋残留量检测。
农业部 1025 号公告—14—2008		动物性食品中氟喹诺酮类药物残留检测 高效液相色谱法	中国兽医药品监察所	本标准规定了动物性食品中达氟沙星、恩诺沙星、环丙沙星和沙拉沙星药物残留检测方法。本标准适用于猪、鸡的肌肉、脂肪、肝脏和肾脏中达氟沙星、恩诺沙星、环丙沙星和沙拉沙星和沙拉沙星药物残留量检测。
农业部 1025 号公告—15—2008		鸡蛋中磺胺喹噁啉残留检测 高效液相色谱法	山东省畜产品质量检测中心	本标准规定了鸡蛋中磺胺喹噁啉残留量检测的制样和高效液相色谱测定方法。本标准适用于鸡蛋中磺胺喹噁啉残留量的检测。
农业部 1025 号公告—16—2008		动物尿液中盐酸克仑特罗残留检测 气相色谱—质谱法	农业部畜禽产品质量监督检验测试中心	本标准规定了动物尿液中盐酸克仑特罗残留量检测的制样和气相色谱—质谱的测定方法。本标准适用于猪尿中盐酸克仑特罗的残留量检测。

（续）

标准号	被代替标准号	标准名称	起草单位	范　围
农业部 1025 号公告17—2008		动物源性食品中呋喃唑酮代谢物残留检测 酶联免疫吸附法	华中农业大学	本标准规定了动物可食性组织中呋喃唑酮残留标示物示物 3-氨基-2-噁唑烷酮（3-amino-2-oxazol-idi-none，AOZ）残留量酶联免疫检测方法。本标准适用于猪肌肉、鸡肌肉、猪肝脏、鸡肝脏、猪肾脏和鱼肉中 3-氨基-2-噁唑烷酮残留量的测定。
农业部 1025 号公告18—2008		动物源性食品中β-受体激动剂残留检测 液相色谱—串联质谱法	中国兽医药品监察所	本标准规定了动物源性食品中特布他林、西马特罗、沙丁胺醇、莱克多巴胺、克仑特罗、妥布特罗、西马特罗、氯丙那林、妥布特罗、沙丁胺醇、莱克多巴胺、非诺特罗、氯丙那林、妥布特罗和喷布特罗残留量液相色谱—串联质谱检测方法。本标准适用于猪肝、猪肉、牛奶和鸡蛋中特布他林、西马特罗、沙丁胺醇、莱克多巴胺、克仑特罗、妥布特罗和喷布特罗单个或混合物残留量的检测。
农业部 1025 号公告19—2008		动物源性食品中玉米赤霉醇类药物残留检测 液相色谱—串联质谱法	中国农业大学国家兽药残留基准实验室	本标准规定了动物源性食品中玉米赤霉醇类药物残留检测液相色谱—串联质谱测定方法。本标准适用于猪、牛、鸡的肌肉，肝脏，牛奶和鸡蛋中 α-玉米赤霉醇、β-玉米赤霉醇、α-玉米赤霉烯醇、β-玉米赤霉烯醇、玉米赤霉酮、玉米赤霉烯酮单个或多个混合物残留量的液相色谱—串联质谱检测和确证。

标准号	被代替标准号	标准名称	起草单位	范　围
农业部 1025 号公告—20—2008		动物性食品中四环素类药物残留检测 酶联免疫吸附法	中国兽医药品监察所	本标准规定了牛、猪、鸡的肌肉、猪的肝脏、牛奶和带皮鱼肌肉组织中四环素、金霉素、土霉素及多西环素残留的酶联免疫吸附法测定方法。本标准适用于牛、猪、鸡的肝脏、猪的肌肉，牛奶和带皮鱼肌肉组织中四环素、金霉素、土霉素及多西环素残留快速筛选检测。
农业部 1025 号公告—21—2008		动物源食品中氯霉素残留检测 气相色谱法	中国农业大学、农业部兽药安全监督检验测试中心（北京）	本标准规定了动物源食品中氯霉素残留量的气相色谱检测方法。本标准适用于猪、鸡肉中氯霉素残留检测。
农业部 1025 号公告—22—2008		动物源食品中 4 种硝基咪唑残留检测 液相色谱－串联质谱法	中国农业大学、农业部兽药安全监督检验测试中心（北京）	本标准规定了动物源食品中洛硝哒唑、甲硝唑、二甲硝唑及洛硝哒唑和二甲硝唑的代谢物 2-羟甲基-5-硝基咪唑残留量的液相色谱－串联质谱检测方法。本标准适用于猪肝、猪肉中洛硝哒唑、二甲硝唑、甲硝唑、2-羟甲基-5-硝基咪唑残留的检测。
农业部 1025 号公告—23—2008		动物源食品中磺胺类药物残留检测 液相色谱－串联质谱法	中国农业大学、农业部兽药安全监督检验测试中心（北京）	本标准规定了动物源食品中磺胺类药物残留检测方法—高效液相色谱－串联质谱法。本标准适用于动物源食品中磺胺类药物的多残留量检验。

标准号	被代替标准号	标准名称	起草单位	范围
农业部 1025 号公告—24—2008		动物源食品中磺胺二甲嘧啶残留检测酶联免疫吸附法	中国农业大学、农业部兽药安全监督检验测试中心（北京）	本标准规定了检测动物源食品中磺胺二甲嘧啶残留量的酶联免疫吸附测定（ELISA）方法。本标准适用于动物源性食品（猪、鸡肌肉和肝脏、水产、禽蛋、蜂蜜和牛奶）中磺胺二甲嘧啶残留量的筛选检验。
农业部 1025 号公告—25—2008		动物源食品中恩诺沙星残留检测酶联免疫吸附法	中国农业大学、农业部兽药安全监督检验测试中心（北京）	本标准规定了检测动物源食品中恩诺沙星残留量的酶联免疫吸附测定（ELISA）方法。本标准适用于动物源食品（猪、鸡肌肉和肝脏、水产、蜂蜜）中恩诺沙星残留量的筛选检验。
农业部 1025 号公告—26—2008		动物源食品中氯霉素残留检测酶联免疫吸附法	中国农业大学、农业部兽药安全监督检验测试中心（北京）	本标准规定了检测动物源食品中氯霉素残留量的酶联免疫吸附测定（ELISA）方法。本标准适用于动物源食品（猪、鸡肌肉和肝脏、鱼、虾、肠衣、牛奶和禽蛋样本）中氯霉素残留量的筛选检验。
农业部 1031 号公告—1—2008		动物源性食品中 11 种激素残留检测液相色谱—串联质谱法	华中农业大学、北京市食品安全监控中心、河南省兽药监察所、福建省兽药监察所	本标准规定了猪、牛、羊、鸡肌肉和肝脏、牛奶和鲜蛋等动物源食品中睾酮、甲基睾酮、黄体酮、群勃龙、诺龙、美雄酮、司坦唑醇、丙酸诺龙、丙酸睾酮及苯丙酸诺龙等 11 种性激素的液相色谱—串联质谱测定方法。本标准适用于猪、牛、羊、鸡肉和肝脏、牛奶和鲜蛋等动物源食品中睾酮等 11 种性激素多残留的确证和定量测定。

标准号	被代替标准号	标准名称	起草单位	范围
农业部1031号公告-2—2008		动物源性食品中糖皮质激素类药物多残留检测 液相色谱—串联质谱法	华中农业大学、北京市食品安全监控中心、河南省兽药监察所、福建省兽药监察所	本标准规定了动物源性食品中糖皮质激素类药物残留检测的液相色谱—串联质谱测定法。本标准适用于猪、牛、羊的肝脏和肌肉、鸡肌肉、鸡蛋、牛奶中泼尼松、泼尼松龙、地塞米松、倍他米松、倍氯米松、氢化可的松、甲基泼尼松、倍氯米松、氟氢可的松单个或多个药物残留量的检测。
农业部1031号公告-3—2008		猪肝和猪尿中β-受体激动剂残留检测 气相色谱—质谱法	农业部畜禽产品质量监督检验测试中心	本标准规定了猪肝和猪尿中（马布特罗、盐酸克伦特罗、沙丁胺醇、班布特罗和莱克多巴胺）含量检测的测定方法。本标准适用于猪肝和猪尿中β-受体激动剂类药物（马布特罗、盐酸克伦特罗、沙丁胺醇、班布特罗和莱克多巴胺）含量的检测。
农业部1031号公告-4—2008		鸡肉和鸡肝中己烯雌酚残留检测 气相色谱—质谱法	农业部畜禽产品质量监督检验测试中心	本标准规定了鸡肉和鸡肝中己烯雌酚残留量测定的气相色谱—质谱（GC-MS）方法。本标准适用于鸡肉和鸡肝中己烯雌酚的测定。

（续）

标准号	被代替标准号	标准名称	起草单位	范　围
农业部1063号公告—1—2008		动物尿液中9种糖皮质激素的检测 液相色谱—串联质谱法	河南省饲料产品质量监督检验站、国家饲料质量监督检验中心（北京）、北京市饲料监察所	本标准规定了动物尿液中泼尼松龙、泼尼松、甲基泼尼松龙、倍氯米松、地塞米松、倍他米松、醋酸氢氟可的松和醋酸可的松的液相色谱—串联质谱测定方法。本标准适用于动物尿液中9种糖皮质激素单个或混合物的测定。本标准的最低检测限为0.5μg/L，最低定量限为1.0μg/L。
农业部1063号公告—2—2008		动物尿液中10种同化激素的检测 液相色谱—串联质谱法	浙江省饲料监测所、国家饲料质量监督检验中心（北京）、北京市饲料监察所	本标准规定了动物尿液中甲基睾酮、睾酮、丙酸睾酮、去氢甲睾酮、大力补、诺龙、丙酸诺龙、群勃龙、勃力龙、孕酮等10种同化激素的液相色谱—串联质谱测定方法。本标准适用于动物尿液中10种同化激素的测定。本标准的检测限为0.5μg/L，定量限为1.0μg/L。
农业部1063号公告—3—2008		动物尿液中11种β-受体激动剂的检测 液相色谱—串联质谱法	浙江省饲料监测所、上海市兽药饲料检测所、北京市饲料监察所	本标准规定了动物尿液中克仑特罗、沙丁胺醇、莱克多巴胺、齐帕特罗、氯丙那林、特布他林、西马特罗、西布特罗、马布特罗、溴布特罗、班布特罗等11种β-受体激动剂的液相色谱—串联质谱测定方法。本标准适用于动物尿液中克仑特罗、班布特罗等11种β-受体激动剂的测定。本标准的检测限为0.1μg/mL，定量限为0.2μg/mL。

标准号	被代替标准号	标准名称	起草单位	范　围
农业部 1063 号公告—4—2008		饲料中纳多洛尔的检测　高效液相色谱法	国家饲料质量监督检验中心（北京）、河南省饲料产品质量监督检验站、河北省饲料产品质量监督检验站	本标准规定了测定饲料中纳多洛尔含量的高效液相色谱法。本标准适用于配合饲料中纳多洛尔的测定。方法最低检出限为 0.1mg/kg，最低定量限为 1mg/kg。
农业部 1063 号公告—5—2008		饲料中 9 种糖皮质激素的检测　液相色谱—串联质谱法	河南省饲料产品质量监督检验站、国家饲料质量监督检验中心（北京）、北京市饲料监察所	本标准规定了饲料中波尼松龙、波尼松、甲基波尼松龙、倍氯米松、地塞米松、倍他米松、氢化可的松、醋酸氢可的松和醋酸可的松的液相色谱—串联质谱测定方法。本标准适用于配合饲料、浓缩饲料及预混合饲料中 9 种皮质激素的测定。本标准的最低检测限为 2μg/L，最低定量限为 5μg/L。
农业部 1063 号公告—6—2008		饲料中 13 种 β-受体激动剂的检测　液相色谱—串联质谱法	上海市兽药饲料检测所、国家饲料质量监督检验中心（北京）、浙江省饲料监察所	本标准规定了饲料中克仑特罗、沙丁胺醇、莱克多巴胺、齐帕特罗、氯丙那林、特布他林、西布特罗、西马特罗、马布特罗、溴布特罗、克仑普罗、班布特罗、妥布特罗等 13 种 β-受体激动剂的液相色谱—串联质谱测定方法。本标准适用于饲料中克仑特罗等 13 种 β-受体激动剂残留量的测定。方法检测限为 0.01mg/kg，定量限为 0.05 mg/kg。

标准号	被代替标准号	标准名称	起草单位	范　　围
农业部 1063 号公告—7—2008		饲料中 8 种 β-受体激动剂的检测 气相色谱—质谱法	农业部饲料效价与安全监督检验测试中心（北京）、国家饲料质量监督检验中心（北京）、北京市饲料监督监察所	本标准规定了测定饲料中 8 种 β-受体激动剂的气相色谱—质谱法（GC-MS）。本标准适用于配合饲料中氯丙那林、马布特罗、特布他林、盐酸克伦特罗、沙丁胺醇、齐帕特罗、班布特罗、莱克多巴胺的测定。本方法的定量限和检测出限：莱克多巴胺为 0.5mg/kg 和 0.1mg/kg，其他 7 种药物分别为 0.05mg/kg 和 0.01mg/kg。
农业部 1068 号公告—1—2008		猪尿中土的宁的测定 气相色谱—质谱法	农业部饲料质量及畜产品安全监督检验测试中心（沈阳）、农业部饲料质量监督检验测试中心（济南）、河北省饲料监察所	本标准规定了以气相色谱—质谱（GC-MS）测定猪尿中的土的宁残留量的方法。本标准适用于猪尿中土的宁残留量的测定。本方法检测限为 0.005mg/L，定量限为 0.01mg/L。
农业部 1068 号公告—2—2008		饲料中 5 种糖皮质激素的测定 高效液相色谱法	中国农业科学院农业质量标准与检测技术研究所、国家饲料质量监督检验中心（北京）、河南省饲料产品监督检验站、农业部饲料质量监督检验中心（济南）	本标准规定了用高效液相色谱仪测定配合饲料中的 5 种糖皮质激素。本标准适用于配合饲料中泼尼松、倍醋酸可的松、甲基泼尼松龙、甲基泼尼松、氢氢可的松的测定。本方法最低检出：泼尼松龙、甲基泼尼松龙为 0.5mg/kg；醋酸可的松、倍氯米松、氟氢可的松为 1.0mg/kg。

标准号	被代替标准号	标准名称	起草单位	范围
农业部 1068 号公告—3—2008		饲料中 10 种蛋白同化激素的测定 液相色谱—串联质谱法	中国农业科学院农业质量标准与检测技术研究所、国家饲料质量监督检验中心（北京）、浙江省饲料监察所、北京市饲料监察所、上海市兽药饲料检测所	本标准规定了用高效液相色谱—串联质谱法测定配合饲料中大力补、甲基睾丸酮、丙酸睾酮、睾酮、勃地酮、丙酸诺龙、勃地龙、群勃龙、脱氢异雄酮、黄体酮等 10 种蛋白同化激素含量的方法。本标准适用于配合饲料中大力补等 10 种蛋白同化激素的测定。方法最低定量限为 0.05mg/kg。
农业部 1068 号公告—4—2008		饲料中氯米芬的测定 高效液相色谱法	农业部饲料质量监督检验测试中心（济南）、中国农业科学院饲料研究所、河北省饲料监察所	本标准规定了配合饲料中氯米芬的高效液相色谱测定方法。本标准适用于配合饲料中氯米芬的测定。本方法最低定量限为：反式氯米芬 0.3mg/kg，顺式氯米芬 0.5mg/kg。
农业部 1068 号公告—5—2008		饲料中阿那曲唑的测定 高效液相色谱法	农业部饲料质量监督检验测试中心（济南）、中国农业科学院饲料研究所、河北省饲料监察所	本标准规定了用高效液相色谱（HPLC）测定饲料中阿那曲唑的方法。本标准适用于配合饲料中阿那曲唑的测定。本方法定量限为 1mg/kg。
农业部 1068 号公告—6—2008		饲料中雷洛西芬的测定 高效液相色谱法	农业部饲料质量监督检验测试中心（济南）、中国农业科学院饲料研究所、河北省饲料监察所	本标准规定了配合饲料中雷洛西芬的高效液相色谱测定方法。本标准适用于配合饲料中雷洛西芬的测定。方法检测限为 0.05mg/kg，定量限为 0.5mg/kg。

标准号	被代替标准号	标准名称	起草单位	范　　围
农业部1068号公告7—2008		饲料中土的宁的测定　气相色谱—质谱法	农业部饲料质量及畜产品安全监督检验测试中心（沈阳）、农业部饲料质量监督检验测试中心（济南）、河北省饲料监察所	本标准规定了以气相色谱—质谱法（GC-MS）测定饲料中土的宁残留量的方法。本标准适用于饲料中土的宁的测定。本方法检测限为0.025mg/kg，定量限为0.05mg/mg。
农业部1077号公告1—2008		水产品中17种磺胺类及15种喹诺酮类药物残留量的测定　液相色谱—串联质谱法	国家水产品质量监督检验中心	本标准规定了水产品中17种磺胺（Sas）及15种喹诺酮（QNs）类药物残留量的液相色谱—串联质谱测定法。本标准适用于水产品中17种磺胺（磺胺二甲异恶唑、磺胺二甲嘧啶、磺胺二甲噻唑、磺胺间甲氧嘧啶、磺胺噻唑、磺胺吡啶、磺胺甲氧哒嗪、磺胺间甲氧嘧啶、磺胺甲噻二唑、磺胺甲基嘧啶、磺胺对甲氧嘧啶、磺胺邻二甲氧嘧啶、磺胺氯哒嗪、磺胺间二甲氧嘧啶、磺胺甲恶唑、磺胺二甲氧嘧啶、磺胺恶唑）和15种喹诺酮（氟罗沙星、氧氟沙星、诺氟沙星、依诺沙星、环丙沙星、恩诺沙星、洛美沙星、丹诺沙星、奥比沙星、双氟沙星、沙拉沙星、司帕沙星、恶喹酸、氟甲喹、培氟沙星）残留量的测定。

标准号	被代替标准号	标准名称	起草单位	范 围
农业部 1077 号公告—2—2008		水产品中硝基呋喃类代谢物残留量的测定 高效液相色谱法	农业部水产品质量监督检验测试中心（上海）、中国水产科学研究院东海水产研究所	本标准规定了水产品中呋喃唑酮代谢物 3-氨基-2-噁唑烷酮（AOZ）、呋喃它酮代谢物 5-甲基吗啉-3-氨基-2-噁唑烷酮（AMOZ）、呋喃西林代谢物氨基脲（SEM）和呋喃妥因代谢物 1-氨基-2-内酰脲（AHD）残留量的高效液相色谱测定方法。本标准适用于水产品中呋喃唑酮代谢物、呋喃它酮代谢物、呋喃西林代谢物和呋喃妥因代谢物残留量的测定。
农业部 1077 号公告—3—2008		水产品中链霉素残留量的测定 高效液相色谱法	中国海洋大学	本标准规定了水产品中链霉素残留量的高效液相色谱荧光测定方法。本标准适用于水产品中链霉素残留量的测定。
农业部 1077 号公告—4—2008		水产品中喹烯酮残留量的测定 高效液相色谱法	农业部水产种和质量监督检验测试中心（广州）、中国水产科学研究院珠江水产研究所	本标准规定了水产品中喹烯酮残留量测定的高效液相色谱法。本标准适用于水产品中喹烯酮残留量的测定。
农业部 1077 号公告—5—2008		水产品中喹乙醇代谢物残留量的测定 高效液相色谱法	农业部渔业环境及水产品质量监督检验测试中心（舟山）、舟山市越洋食品有限公司	本标准规定了水产品中喹乙醇代谢物 3-甲基喹噁啉-2-羧酸（MQCA）残留量的高效液相色谱测定方法。本标准适用于水产品中喹乙醇代谢物 3-甲基喹噁啉-2-羧酸残留量的测定。

标准号	被代替标准号	标准名称	起草单位	范　围
农业部 1077 号公告—6—2008		水产品中玉米赤霉醇类残留量的测定　液相色谱—串联质谱法	农业部渔业环境及水产品质量监督检验测试中心（哈尔滨）、哈尔滨市食品工业研究所	本标准规定了水产品中玉米赤霉醇类残留量的液相色谱—串联质谱测定法。本标准适用于水产品中α-玉米赤霉醇、β-玉米赤霉醇、α-玉米赤霉烯醇、β-玉米赤霉烯醇、玉米赤霉酮、玉米赤霉烯酮单个或多个混合物残留量的液相色谱—串联质谱检测。
农业部 1077 号公告—7—2008		水产品中恩诺沙星、诺氟沙星和环丙沙星残留量的快速筛选测定　胶体金免疫渗滤法	中国海洋大学	本标准规定了水产品中恩诺沙星、诺氟沙星和环丙沙星残留的胶体金免疫渗滤快速筛选检测方法。本标准适用于水产品中恩诺沙星、诺氟沙星和环丙沙星三种喹诺酮类残留的快速筛选检测。